CE QUE L'ON SAIT ACTUELLEMENT

SUR

LA TOPOGRAPHIE

DE

L'ANCIENNE JÉRUSALEM

PAR

PAUL BERTO

PARIS

LIBRAIRIE A. DURLACHER

83 *bis*, RUE LAFAYETTE

—

1908

À Monsieur le Conservateur
de la Bibliothèque Natio[nale]
hommage reconnaissant
de l'auteur
J. B.

CE QUE L'ON SAIT ACTUELLEMENT

SUR

LA TOPOGRAPHIE DE L'ANCIENNE JÉRUSALEM

Tous ceux qu'intéressent les questions relatives à la topographie de l'ancienne ville de Jérusalem savent combien il est difficile de se faire des idées nettes à ce sujet. Ceux-là le savent surtout, qui ont le courage d'aborder de front les problèmes qu'elle soulève. Et ce qui contribue à rendre la tâche ardue, c'est précisément ce qui a été fait déjà pour résoudre ces difficultés.

Dès 1864 commençaient à Jérusalem les recherches scientifiques auxquelles le *Palestine Exploration Fund* devait donner une si belle extension et qui, depuis, ont produit de si précieux résultats. En 1878, se fondait en Allemagne *der deutsche Verein zur Erforschung Palästina's*. Les deux sociétés ont dès lors donné, en une multitude d'ouvrages et spécialement dans leurs organes respectifs, *The Palestine Exploration Fund Quarterly Statement* et *Die Zeitschrift des deutschen Palästina-Vereins*, une série ininterrompue de documents importants concernant leurs travaux et les questions connexes. Ces comptes rendus eux-mêmes devaient provoquer dans les milieux que ces problèmes passionnent toute une série d'ouvrages particuliers ou d'articles de revues, où les résultats acquis étaient jugés et interprétés de diverses façons. De là une énorme littérature palestinienne moderne, bien faite pour décourager, par son ampleur, ceux que captivent ces études.

En 1900, M. August Kuemmel publiait à son tour un ouvrage d'une importance extrême en la matière. Le but de cet auteur était, comme il le dit lui-même dans sa préface, de donner au public une carte de la ville de Jérusalem, sur laquelle seraient indiqués, autant que faire se peut, les résultats des divers travaux accomplis pendant ces quarante dernières années (*Vorwort*, p. III) et qui fut comme *le tableau de l'état actuel de nos connaissances sur l'ancienne ville* (*ibid.*, pp. III-IV).

L'auteur nous prévient dès l'abord (*Anlage*, p. I) que sa *Carte des matériaux pour la topographie de l'ancienne Jérusalem* « ...répond, dans son ordonnance et quant à l'échelle aussi, aux dispositions du beau grand plan de la Jérusalem moderne dressé par le Capitaine Wilson dès les années 1864-65, d'après des relevés exacts pris sur les lieux, et qui fut publié quelque temps plus tard à Londres sous le titre *Ordnance Survey of Jerusalem* ». L'auteur nous dit qu'en agissant ainsi il a eu sans doute en vue de faciliter la constatation des changements survenus depuis, par suite de nouvelles observations, mais qu'en outre, il a voulu faire comprendre à quiconque aurait recours à sa carte qu'il ne lui est pas loisible de négliger le plan de l'*Ordnance Survey*.

Cette carte est accompagnée d'un volume explicatif, ayant lui-même pour titre : *Materialien zur Topographie des alten Jerusalem*[1]. Dans ce volume de XIII-198 pages, M. Kuemmel a su résumer, grouper et classer tout ce que les recherches dont j'ai parlé plus haut ont produit jusqu'à ce jour. En s'imposant cette besogne ardue, il a voulu simplifier le travail pour ceux qui désirent s'adonner à ces études; et, tout en déclarant, avec une modestie contre laquelle nous avons droit de protester, qu'il n'écrit pas pour ceux qui connaissent déjà les ruines de l'ancienne Jérusalem, il ajoute qu'il espère de la sorte pouvoir gagner de nouveaux amis aux travaux des fouilles en les y intéressant (*Vorwort*, p. IV). Parmi les lecteurs de cette Revue il s'en trouvera sans doute qui seront bien aises de savoir qu'ils ont à leur disposition un travail si précieux : c'est ce qui m'a engagé à le porter à leur connaissance.

Après quelques détails pratiques sur sa carte (pp. 1, 2), l'auteur parle de la ville actuelle (p. 2) et commence par donner un excellent tableau des rues, quartiers, monuments, portes, etc., avec traduction en allemand des noms arabes et chiffres de repère pour la carte (pp. 3-9). Suit un historique des divers assauts que la ville eut à subir depuis David jusqu'à Bar-Kokheba (p. 11). Puis vient une étude géologique intéressante sur la nature du sol (pp. 12-16)

[1]. *Begleittext zu der* « *Karte der Materialien zur Topographie des alten Jerusalem* » *von August Kuemmel, Direktor der Kaufmannischen Schulen der Stadt und Handelskammer Barmen, 1906, Verlag des Deutschen Vereins zur Erforschung Palästina's, in Kommission bei R. Haupt, Halle a. S.*

et la ligne de partage des eaux (pp. 16-18 , puis divers tableaux des hauteurs du sol rocheux relevées en divers points (pp. 18-19 . Remercions à ce sujet l'auteur du labeur qu'il s'est imposé, non seulement en vérifiant les anciennes données et en les corrigeant au besoin, d'après les découvertes plus récentes, mais aussi en mettant les indications, dues en grande partie aux ingénieurs du *Palestine Exploration Fund*, à la portée des lecteurs non accoutumés aux mesures anglaises, par une conversion soigneuse en mètres de toutes les mesures notées jusqu'ici en pieds anglais. En outre, il a donné aux courbes de niveau de sa carte une équidistance de 3 mètres afin de se rapprocher autant que possible de l'équidistance de 10 pieds admise dans le plan du *Survey* p. 11 .

Après ces données fondamentales, l'auteur aborde successivement les questions plus proprement topographiques concernant l'ancienne ville.

Avant de le suivre sur ce terrain, je me permettrai une observation sur le plan de l'ouvrage. M. Kuemmel dit dans sa préface que son but est de donner une idée aussi exacte que possible de *ce que nous savons actuellement de l'ancienne ville*. Or, il nous informe également qu'il a l'intention, dans son texte comme sur sa carte, de n'enregistrer que ce qui, jusqu'ici, a été réellement découvert, *nur das was wirklich gefunden worden ist* p. IV. Quant aux questions qu'il appelle d'ordre « purement historique », il prétend les exclure de ce travail, se réservant d'y faire seulement allusion en passant. Telles les questions relatives à l'emplacement de l'enceinte intérieure du Temple, à l'étendue de la forteresse Antonia, à l'emplacement de l'Acra et d'autres parties de la ville, à l'étendue du palais d'Hérode et de la maison des Hasmonéens. Exclus aussi les lieux saints. L'auteur s'interdit spécialement de traiter des autres palais, constructions, monuments, etc., dont parle Josèphe, ainsi que de la discussion sur l'emplacement du Sion et de la ville de David, et de l'identification des portes dont il est parlé dans l'Ancien Testament *ibid.*.

On conçoit aisément l'idée qui a dirigé M. Kuemmel dans son plan. Il ne veut pas entrer dans les discussions d'identification qu'ont soulevées les découvertes, mais seulement rapporter les découvertes elles-mêmes. Mais, quand il s'agit de découvertes relatives à l'ancienne ville de Jérusalem, peut-on faire une telle distinction ? Chaque découverte doit être interprétée, et c'est cette interprétation précisément qui fait à la fois la valeur de la découverte et l'objet de la discussion. La négliger rendrait la découverte absolument vaine. M. K. le sait bien. Il prétend donc enregistrer

simplement, avec la découverte, l'identification qui en a été pro-
posée, sans entrer en discussion sur l'objectivité de l'identification.
C'est ce qu'il fait. Mais, pour présenter les choses sous cet aspect,
il faut bien connaître la littérature de ces diverses questions parti-
culières, et M. K. semble parfois ne pas la posséder aussi parfaite-
ment qu'il serait désirable. Je crois que, sans sortir du cadre de
son ouvrage, l'auteur eût pu faire en sorte de ne pas proposer ça et
là certains jugements qui ne reposent point sur des données
objectives sérieuses. Les détails viendront plus loin justifier cette
observation.

Quant à ce que l'auteur appelle questions d'ordre « purement
historique », j'avoue que j'ai de la peine à saisir exactement sa
pensée. En son sens apparent, cette expression semble viser des
monuments, dont l'archéologie n'aurait retrouvé aucune trace,
mais qui seraient attestés seulement par les données de l'histoire.
On comprendrait que de tels monuments fussent en dehors du
cadre d'un travail qui s'occuperait uniquement de découvertes
archéologiques. Mais à tant faire que de vouloir donner *l'état de
nos connaissances actuelles sur l'ancienne ville de Jérusalem*,
a-t-on le droit de laisser de côté les points garantis par des données
historiques sérieuses, sous ce prétexte que des fouilles n'auraient
point été entreprises pour les confirmer, ou bien que de ces monuments, dont l'emplacement est historiquement fixé, nulle trace
n'aurait survécu aux catastrophes que la ville sainte a subies à
travers les âges ?

Heureusement M. K. dans le cours de son travail, ne s'en est
point tenu aussi rigoureusement qu'on eût pu le craindre aux lignes
de démarcation posées par lui dans sa préface.

LES VALLÉES.

Je le louerai tout d'abord, à propos des vallées, de l'identification
qu'il propose (pp. 44, 45), malgré certaines théories peu sérieuses
émises sur ce sujet, de la *Géhenne* et du *Topheth*, et de l'explica-
tion qu'il apporte (p. 45) de l'emploi du nom de cette vallée pour
désigner l'Enfer dans l'Écriture. Il accepte aussi avec raison l'identification usuelle du Tyropéon de Josèphe avec la vallée qui coupe
la ville du nord au sud, de la porte de Damas à la piscine de Siloé
(p. 45). Il établit également fort bien l'existence de la vallée transversale allant, de la porte de Jaffa, aboutir dans le Tyropéon, à

l'ouest de l'enceinte du Temple (p. 46), et parle fort judicieusement des deux vallons qui, de la synagogue juive, descendent, l'un dans la vallée transversale, l'autre dans la direction de Siloé, quoiqu'il ait le tort de sembler vouloir faire de ces deux vallons une seule vallée (p. 47), ce que la nature du sol contredit. Deux vallées, descendant d'un même sommet dans des directions différentes, ne forment point, par le fait de leur sommet commun, une seule vallée. Les détails sur la vallée du Cédron ou de Josaphat sont aussi donnés exactement, ainsi que la raison de la localisation du jugement dernier dans cette vallée, parce que, servant dans l'antiquité comme de nos jours, de lieu de sépulture, elle était vraiment le champ des morts de Jérusalem (pp. 42, 43 [1].

LES COLLINES.

Passant à l'étude des collines de la ville, l'auteur dit de la colline sud-ouest, le Sion traditionnel : « Là se trouvait donc dès le principe un plateau de 22-24 hectares, remarquable par le niveau sensiblement constant de son élévation et par sa fortification naturelle et apte à recevoir des constructions. *Il ne peut y avoir aucun doute* que la plus ancienne ville, l'ancienne Jérusalem chananéenne, ait occupé cette crête » (p. 49. Ici l'auteur me semble avoir encore adopté l'opinion la plus solidement fondée, quoiqu'elle n'ait pas été la plus communément admise de nos jours.

Il ne me paraît pas avoir été moins heureux en rejetant comme improbable l'opinion de Tobler et de ceux qui l'ont suivi, entre autres le R. P. Meistermann, O. M., dans son livre *La Ville de David*. Induits en erreur par les deux vallons indiqués ci-dessus, ils ont prétendu faire du petit plateau au nord-est de la même colline une colline distincte, répondant à la « seconde » ou à la « troisième » colline de Josèphe, qui aurait été séparée de la première par une vallée *dont le sol ne donne pas d'indices*, du moins au point de jonction des deux collines et sur laquelle se serait trouvée la fameuse *Acra* de Josèphe (p. 49). Je pense pouvoir, dans un travail spécial, prouver le bien fondé de l'opinion émise par notre auteur

[1]. Je ferai cependant observer une inexactitude sur la carte à ce sujet. Cette vallée est toujours désignée dans l'Écriture par l'expression *Nahal Qidrôn*. Quant au mot *nahal*, sans apposition, que M. Kuemmel applique à cette même vallée, il semble avoir été réservé pour désigner la vallée intérieure de la ville, celle qu'actuellement on appelle également du mot correspondant en arabe *El Ouad*, et qui, au temps de Josèphe, portait le nom de *Tyropéon*.

soit sur le Sion traditionnel, soit sur l'illégitimité de cette préten-
due *Acra*. En attendant, je me contenterai de le féliciter d'avoir vu
si juste en ces deux points.

Très intéressante et fort judicieuse encore l'observation de M. K.
à propos du dévalement naturel de la colline qui supporte l'esplanade du Temple. Il remarque que les courbes hypsométriques de
cette colline descendent régulièrement depuis le point 778 m. 1, à
la hauteur qui domine la grotte de Jérémie (le Calvaire de Gordon),
jusqu'à Siloé, où la cote est 622 m. 2, sauf en deux points, où la
déclivité normale, indiquée par ces courbes, est interrompue brus-
quement et irrégulièrement pour reprendre plus loin sa marche
naturelle. Le premier cas se présente au flanc nord de la roche qui
devait supporter l'Antonia et sur laquelle se trouve actuellement la
caserne ; le second, au flanc sud de cette même roche, dans l'angle
nord-ouest de l'esplanade du Temple. « Nulle part dans la ville
sainte, écrit notre auteur à ce sujet (p. 50), la main de l'homme n'a,
par le plus tenace et le plus persévérant travail, produit une alté-
ration aussi considérable qu'ici dans la forme de la surface du sol.
La continuation de la cime El-Edémyé... avec la colline de la ville
qui lui fait suite au sud est interrompue par une considérable
entaille, pratiquée dans la roche, qui se prolonge au loin jusqu'au
mur (du côté du Cédron) sur une étendue de 125 m. et une largeur
de près de 100 m., d'où l'on a enlevé une couche de calcaire de
28 m. en hauteur, soit un volume total approximatif de 350,000 m. c.
Peut-être est-ce *dans un but de fortification* de la ville que l'on a
entaillé si fortement le roc, comme les tranchées pratiquées plus
tard aux angles nord-ouest et nord-est de l'enceinte actuelle le
démontrent clairement. Au nord de la rue *Tariq es-Séraï* et au bloc
de rocher qui supporta jadis la forteresse Antonia, de semblables
travaux de la roche sont visibles çà et là au-dessus et même encore
actuellement au-dessous du sol. » Et plus loin (p. 51) : « La continuation de la ligne de déclivité de la colline qui, à l'ancienne Antonia,
donne encore 750 m. 4, ne se présente aujourd'hui, sur l'esplanade
du Temple, dans son état normal, qu'à la roche *Sakhra*, avec
743 m. 7... Pour niveler cette vaste esplanade, on dut, non point
seulement combler les vides du nord-est et du sud, mais encore, à
l'angle nord-ouest, faire sauter et aplanir toute la partie sud du
rocher de l'Antonia, dont les courbes pointillées donnent l'étendue
primitive probable. » Et ailleurs (p. 121) : « A l'angle nord-ouest
(de l'esplanade), on dut abaisser le niveau du roc de 750 m. à 741. »

Les deux détails que nous donne ici notre auteur sont de grand
intérêt pour la topographie de la ville ancienne. Il nous dit lui-

même ailleurs (p. 121) que d'après Josèphe (B. J., V, 4, 2 ; 5, 8)
un large fossé taillé dans le roc protégeait la forteresse Antonia
contre la hauteur du Bézétha. C'est ce fossé qu'accusent ici les
données fournies par l'étude du sol actuel. Je me demande pourquoi l'auteur, puisqu'il connaît le passage en question de l'historien
juif, ne l'a pas cité pour confirmer le résultat donné par ses lignes
hypsométriques. Le témoignage de Josèphe ne saurait avoir moins
de valeur que les suppositions plus ou moins correctes des archéo-
logues modernes. On aurait pu confirmer d'ailleurs l'autorité de
Josèphe par le texte bien connu de Strabon, qui dit de Jérusalem, à
l'occasion du siège de la ville par Pompée : « C'était une fortification
de rocher et solide, à l'intérieur bien munie d'eau, mais complètement aride à l'extérieur, ayant un fossé creusé dans le roc d'une
profondeur de soixante pieds (soit près de 20 m., tandis que l'auteur en indique 28) et d'une largeur de deux cent cinquante » (soit
près de 80 m., tandis que l'auteur dit 100 [1]. En tout cas, les judi-
cieuses observations de M. K. nous permettent d'établir que le fossé
en question, d'après les courbes de la carte, comprenait d'abord
probablement le *birket Israël*, muré plus tard à l'orient, quand la
troisième enceinte fut construite et, dans la suite, au nord, pour
en faire la piscine actuelle. A l'extrémité ouest du même *birket* la
paroi du fossé faisait angle et se dirigeait vers le nord pour encla-
ver la partie saillante de la forteresse. L'espace compris entre
l'extrémité ouest du *birket* actuel et le mur ouest de l'esplanade
donnerait ainsi l'étendue occupée d'est en ouest par la forteresse
et pourrait nous aider à nous faire une idée de la dimension qu'elle
atteignait dans le sens nord-sud.

M. K. aurait dû, me semble-t-il, parler moins vaguement des
découvertes faites au nord-ouest du *Haram ech-Chérif*, où les travaux méritoires de M. Clermont-Ganneau ont retrouvé ce que nous
restons en droit de considérer comme la contrescarpe du second
mur jusqu'à l'hospice autrichien. En effet, quoi qu'en aient dit
certains auteurs, entre autres le R. P. Meistermann dans l'ouvrage
déjà cité, le fait que les fouilles de MM. Clermont-Ganneau et
Warren n'ont pu amener la découverte de l'escarpe ne prouve pas
que cette escarpe n'ait point existé autrefois dans ces parages, ni
même qu'on ne puisse un jour ou l'autre arriver à en retrouver les
traces. Quant à la façon dont il faudrait procéder pour cela, j'espère
avoir l'occasion de l'exposer ailleurs.

Ce que M. K. nous dit du travail que les courbes hypsométriques

1. *Strabonis Geographica*, éd. Didot, 1853, L. XVI, c. II, p. 619, n. 40.

accusent dans la partie sud du rocher de l'Antonia, à l'angle nord-ouest de l'esplanade du Haram, est aussi d'une importance topographique considérable. C'est en constatant les vestiges encore visibles à l'œil nu de ce travail, dont la partie de la roche qui se dresse là taillée en escarpe sur son côté sud, est, elle aussi, un témoin sûr, que le R. P. Séjourné, O. P., donnait déjà ce lieu en 1895 *Revue biblique*, Les murs de Jérusalem comme l'emplacement de la fameuse *Acra* de Josèphe. Il est certain que c'est là le seul point de l'ancienne ville où l'on trouve des traces capables de justifier le *considérable* arasement du roc qui, d'après Josèphe, eut lieu après la prise de l'*Acra* par Simon. J'apporterai ailleurs encore d'autres raisons pour cette identification, que je regarde comme la seule *fondée* touchant la citadelle macédonienne.

LES MURS.

Notre auteur, qui suit, sans paraître s'en douter, le plan si méthodique adopté déjà autrefois par Josèphe, après avoir étudié le sol et les collines de la ville, en vient à la description des murs.

Remarquons d'abord que ce que dit M. Kuemmel du troisième mur ou mur d'Agrippa, en se fondant sur des recherches de Schick qui paraissent sérieuses, à savoir que ce mur suivait à peu près le tracé actuel (p. 54), paraît fort vraisemblable [1]. J'élèverai seulement un doute relativement à la tour *Pséphinos*, que Schick croit avoir découverte à l'angle nord-ouest de ce mur, où elle devait se trouver en effet, d'après Josèphe. Mais Schick a cru la trouver *hexagonale* (p. 55) ; ce point serait à vérifier soigneusement, car Josèphe dit formellement qu'elle était *octogonale* : ὀκτάγωνος δὲ ἦν (B. J, V, 4, 3).

Quant aux murs anciens c'est trop affirmer que dire, comme le fait notre auteur (p. 52), qu'ils enclavaient *complètement* les deux collines principales (celle du sud-ouest et celle de l'orient). L'auteur prétend étayer cette affirmation sur l'autorité de l'Écriture Sainte, dont il ne donne d'ailleurs ici nulle référence, et sur celle de Josèphe. C'est sans doute pour éviter la prolixité que M. K., en général, ne cite pas les textes, mais se contente, comme il le fait ici pour Josèphe, de donner les références. Nous aurons plus d'une

---

1. Je ferai toutefois observer que M. Kuemmel semble donner sur sa carte une importance non justifiée à certains pans de mur qu'il désigne comme « alte Fundamente » et qui reporteraient le mur nord de la ville à un stade et demi plus haut..., s'ils avaient quelque valeur objective.

fois l'occasion d'observer que ce système n'est pas très sûr, les textes n'ayant pas toujours la portée qu'on leur attribue. Pour ce qui est ici de l'Écriture, on ne peut apporter aucun texte qui *impose* la conclusion susdite. Quant à Josèphe, le texte, auquel se réfère l'auteur, est si peu en faveur de la thèse en question que M. K. lui-même l'avouera nettement plus bas.

En suivant, en effet, les travaux de M. Bliss, auxquels nous sommes redevables de la découverte de l'ancien mur de Jérusalem dans sa partie sud, M. K. arrive plus d'une fois à agiter la question, si importante au point de vue de la topographie de l'ancienne ville, de l'inclusion ou de l'exclusion de la piscine de Siloé, et c'est à ce sujet qu'il donnera au texte de Josèphe un sens bien différent de celui qu'il lui prête ici.

Je dis que cette question est importante. Tous ceux qui sont au courant de la discussion savent, en effet, que de l'exclusion de Siloé de l'ancien mur résultent les points suivants : 1º Donc le mur ne contenait point la partie sud de la colline orientale, improprement appelée Ophel ; 2º donc l'aqueduc de Siloé n'est point celui d'Ezé-chias ; 3º donc la cité de David, à l'occident de laquelle, suivant l'Écriture, venait aboutir l'aqueduc d'Ezéchias, ne peut être, du moins par suite de ce texte, située sur cette colline orientale ; 4º donc la tradition qui place Sion sur l'autre colline, c'est-à-dire celle du sud ouest, est sérieuse et doit être admise, pourvu que, dans cette position, les textes puissent être expliqués

Notons d'abord que M. Kuemmel pose la question d'une façon défectueuse : « L'emplacement du cimetière juif (actuel), écrit-il (p. 67), empêche de résoudre la question de savoir si *en ce point* le mur allant jusque là d'ouest en est se dirige du côté du nord, comme le veulent beaucoup d'interprètes, d'ailleurs trop textuels (*allzu wörtliche*, du passage de Josèphe y ayant trait, pour arriver à exécuter ce tour de force d'en exclure Siloé, l'unique source connue de l'ancienne ville, *et cela pour un motif purement philologique.* »

M. K. a raison de dire que les tenants du Sion traditionnel admettent que le mur prenait la direction du nord en excluant Siloé de l'enceinte ; il a raison d'avouer que Josèphe, interprété *littéra-lement*, est du même avis. Mais il a tort alors d'avoir plus haut affirmé le contraire. Il a tort également de faire à ces auteurs le reproche de s'en tenir *au sens strict* des mots employés par l'his-torien. Il a tort aussi d'insinuer que Siloé était la seule source de Jérusalem, de quoi nous aurons à reparler. Il a tort enfin et sur-tout de croire que, pour justifier la théorie contre laquelle il s'in-

surge ici, ce dût être sur l'emplacement du cimetière juif que le
mur changeait de direction. Josèphe dit positivement autre chose
en ce fameux passage. Il dit que le mur, partant de la porte des
Esséniens (à l'angle sud-ouest), se détournait « du côté du sud dans
la direction de la fontaine de Siloé, et *de là*, se détournant de nouveau du côté de l'orient c'est-à-dire faisant face à l'orient *jusqu'à
la piscine de Salomon....* rejoignait la galerie orientale du temple. »
B. J., V, 4, 2. C'est donc, d'après Josèphe, auprès de Siloé qu'il
faudra chercher le coude que devait faire le mur pour se diriger
vers le nord

Quant aux auteurs dont M. K. triomphe en proclamant que
M. Bliss retrouva le mur dans la même direction après le cimetière
juif, j'avoue que je n'ai pas l'honneur de les connaître. Si ce ne
sont pas des moulins à vent, il faut simplement concéder qu'ils ont
mal situé le mur allant au nord en deçà de la piscine, non que le
mur n'existe pas.

En effet, notre auteur, parlant plus loin des murs qui, selon lui,
se trouvaient à l'intérieur de la ville, nous en signale un, découvert
d'abord en partie par M. le professeur Guthe et exploré ensuite
plus attentivement par M. Bliss, « à l'ouest de l'étang inférieur de
Siloé » p. 97, qui, d'après M. Bliss, « *fait partie du grand mur* »
(*ibid.*) et « dont il a suivi la ligne jusqu'au gros bloc de maçonnerie,
à l'angle nord-ouest des ruines d'église qui enveloppent le petit
bassin rectangulaire supérieur de Siloé » *ibid.*. L'auteur ajoute
que le fait « que le mur ouest de l'église n'a pas de porte indique
que lorsqu'elle fut construite, il y avait un mur sur l'escarpe à
l'occident » p. 98.

Mais ce que ne dit pas M. K., c'est comment et pourquoi M. Bliss
put considérer ce mur comme « faisant partie du grand mur »
par lui découvert au sud. Or M. Bliss avoue *Excavations at
Jerusalem*, p. 29 que ce qui le frappa, ce fut précisément le coude
que forme le mur par lui suivi jusque-là, à l'endroit où il change
de direction pour remonter vers le nord en excluant la piscine.
« Que la ligne continue allant du sud au nord depuis ce coude
représente un mur de ville, écrit cet auteur p. 124, on peut le
conclure de son épaisseur que l'on a constatée être en deux points
de 8 à 10 pieds » soit 2-3 mètres. Et plus loin p. 125 : « Cette
manière de voir a en sa faveur le fait que... la face interne du mur
fut trouvée formant une courbe *comme pour ajouter à la force
d'un angle vrai.* » M. Bliss prétend, en outre, avoir retrouvé dans ce
mur l'appareil soigné qu'il avait attribué au mur inférieur du Sion,
c'est-à-dire à celui qu'il croit avoir été détruit par Titus pp. 117-

119. Aussi n'hésite-t-il pas, tout Ophélite qu'il se proclame, à admettre que le mur d'Hérode contournait Siloé à l'occident (p. 326).

Il est vrai que ce même auteur croit voir aussi dans le mur qui servait de barrage à la piscine inférieure et qui, pour ce motif, devait être construit avec solidité, un autre mur extérieur qui aurait en d'autres temps enclavé Siloé et l'Ophel. Mais cette assertion est loin d'avoir en sa faveur des arguments sérieux. Les pierres de diverses époques dont il est construit peuvent fort bien avoir été rapportées d'ailleurs et utilisées ici dans un but pratique après la chute des murs de fortification. Il est certain, en effet, que, même dans le cas où jamais il n'y aurait eu de mur en cet endroit, une digue descendant profondément dans le sol et solidement étayée s'imposait, si l'on voulait conserver là un réservoir et empêcher les eaux de se frayer un passage libre en ravinant par la force de leur poussée un sol naturellement meuble, comme il l'est en ce point. Il n'est pas impossible d'ailleurs que ce mur, tout en étant mur de barrage, puisse remonter en certaines de ses parties à une antiquité tout aussi reculée que celle qui est attribuée au mur de la ville. Il n'est pas impossible non plus qu'Eudoxie l'ait dans la suite utilisé comme fortification pour inclure Siloé. Mais *l'ancien mur de la ville fait un coude pour exclure Siloé, et on l'a retrouvé, à la suite de ce coude*, changeant *là* de direction suivant *le sens strict* du texte de Josèphe, pour remonter vers le nord. C'est là le point capital de la discussion.

Et cependant M. K. veut que l'ancien mur ait inclu Siloé. Il affirme que les découvertes de M. Bliss le prouvent (p. 68), ce qui n'est pas exact on le voit. Il prétend, en outre, le prouver par l'existence du canal de Siloé, dont le but, dit-il, d'après l'Écriture, était d'amener les eaux dans la ville (p. 70). Et il ajoute : « Une traduction étroite (*engerhertzig!*), *trop littérale* d'une préposition dans Josèphe ne saurait placer cet important conduit d'eau, même au temps du Nouveau Testament, en dehors de la ville » (pp. 70-71). M. K. fait en ce point appel au sentiment : il me permettra de ne pas le suivre sur ce terrain. Quant à l'aqueduc, s'il était prouvé qu'il fût celui d'Ezéchias, l'argument vaudrait ; malheureusement il n'en va pas de la sorte. S'il en était ainsi, M. K. devrait placer le Sion sur l'extrémité sud de l'Ophel : or il s'en défend et nous a déjà dit qu'il le trouve mieux situé sur la colline de la tradition.

Il remarque, en effet, lui-même (p. 96) que les nombreux auteurs qui, de nos jours, situent Sion sur l'Ophel doivent admettre un mur de fortification très solide sur la pente occidentale de cette

colline. Or, dit-il, « ni les fouilles de Guthe, ni celles de Bliss ensuite n'ont fourni de traces réelles d'aucune sorte prouvant l'existence du mur en cet endroit ». Et il ajoute sagement: « Josèphe ne
parle point d'un tel mur et on ne saurait le faire sortir de son
texte. » Puis : « C'est tout autre chose quand il s'agit d'un mur sur
la pente orientale de la colline sud-ouest. » Et c'est alors que notre
auteur donne sur ce mur, qu'il croit à tort intérieur à la ville, les
détails rapportés ci-dessus.

Ce mur était, en effet, comme l'admet M. Bliss, le vrai mur de la
ville ; et, si on en a perdu les traces au-dessus de la piscine supérieure, on peut dès maintenant, en attendant que des fouilles faites
en ce sens viennent compléter les beaux résultats acquis déjà, le
conduire par la pensée jusqu'au tronçon trouvé par M. Warren au
sud-est de l'esplanade du temple et qui, après avoir suivi sur une
longueur de 90 pieds la direction nord-sud, fait un angle pour s'incliner très résolument vers le point que nous tenons, *au-dessus de
la piscine supérieure de Siloé*, et garder invariablement cette direction tant qu'on a pu le suivre, c'est-à-dire sur une longueur de
700 pieds (Cf. *Survey of Western Palestine, Jerusalem memoirs*,
p. 228). Si je ne craignais de me faire qualifier par M. K. de « *enger-
herzig* », j'ajouterais que c'est bien la direction que semble lui
attribuer Josèphe en cet endroit. Voici en effet ce que cet auteur
dit de cette partie du mur encore inconnue, à partir du nord-ouest
de la piscine supérieure : « καὶ διῆκον μέχρι χώρου τινὸς ὃν καλοῦσιν
Ὀφλᾶν, et s'étendant en traversant jusqu'à un endroit qu'on appelle
Ophla, il aboutissait à la galerie orientale du temple » (B. J., V, 4, 2).
Διῆκον signifie, en effet, « traverser, pénétrer ». Or le mur *traverse*
bien *ici* la colline orientale jusqu'à l'endroit proprement dit Ophel.
Si, au contraire, on lui fait suivre la pente orientale de cette même
colline, il ne *traverse* plus rien.

M. K. nous a dit que les « Ophélites » n'ont pu trouver aucun
vestige de ce qui devrait être le mur occidental de leur Sion. Ils
prétendent, du moins, avoir trouvé les traces d'un mur oriental
faisant suite à la digue du bassin inférieur de Siloé et ceignant le
côté oriental de la colline dans sa partie sud. M. K. nous donne
force détails sur les trouvailles fort problématiques que M. Guthe
a cru faire en ce point. Il oublie de nous dire à ce sujet que
M. Bliss, ayant voulu vérifier les données résultant des fouilles de
l'illustre professeur, et quoiqu'ayant tout intérêt, en sa qualité
d'Ophélite, à confirmer les résultats de son prédécesseur, est
arrivé à une conclusion fort différente. Voici, en effet, ce qu'a écrit
M. Bliss à ce sujet (*Excavations*, p. 126): « Nous avons indiqué ce

tracé présumé par un pointillé jusqu'à X², où le Dr Guthe découvrit une escarpe et un mur qui paraissent faire partie de la ligne. Quant aux autres pans séparés de maçonnerie, qu'il a trouvés, *ils sont d'une épaisseur si variable qu'ils ne semblent pas appartenir au mur de la ville.* Nous fûmes à même de vérifier son travail en X², car les propriétaires, étant en train de déterrer bon nombre de vieilles pierres, furent heureux de nous permettre un examen du lieu. Là nous observâmes un pan de mur, *apparemment* dressé sur une escarpe ayant une étendue d'une quarantaine de pieds ; mais, *en écartant la terre qui le couvrait sur le devant, nous trouvâmes que l'escarpe n'atteignait que la crête de la colline* et que des cavernes naturelles, élargies et équarries artificiellement, en occupaient le fond, leur sol étant à une quinzaine de pieds au-dessous de l'escarpe. *Ce sommet était irrégulier* et les rares pierres, qui le recouvraient, ne formant qu'une assise, variaient en hauteur de 8 à 20 pouces... Il n'y avait qu'une assise et l'épaisseur ne put être vérifiée, le rocher formant talus en arrière... En décrivant cette escarpe et ce mur nous avons employé le temps passé, car, depuis notre inspection, ils s'étaient évanouis (*they had been blasted away*) ».

Et cependant M. K. croit à ce mur, comme il croit à l'inclusion de Siloé dans la ville ancienne. Les arguments qu'il apporte pour ce dernier point (p. 70-71) ne me semblent pas fort redoutables.

1° Siloé se trouvait dans les murs *avant* et *après* le temps de Josèphe : comment admettre qu'elle n'y fût pas en ce temps aussi ? — L'antécédent, on le voit, aurait besoin d'être prouvé.

2° A Josèphe on oppose Pline, Strabon, Dion Cassius, qui unanimement témoignent que la ville ne manquait jamais d'eau, approvisionnée qu'elle était par des canaux souterrains l'amenant de fort loin ; mais au cas où cette eau eût fait défaut, dit notre auteur, il était prudent d'avoir à sa portée la nappe d'eau si proche. — Il ne s'agit pas pour nous d'examiner ce qu'il eût été prudent de faire pour les Juifs, mais ce qu'il est constant qu'on ait fait

3° Quant au discours de Josèphe aux Juifs assiégés par Titus (B. J., V, 9, 4) où il est dit que « *Siloé et les autres sources en dehors de la ville,* qui étaient desséchées avant l'arrivée des Romains », coulent maintenant si abondamment *pour vos ennemis* qu'elles fournissent largement ce qu'il faut, non seulement pour eux et leurs bêtes, mais encore pour les jardins », notre auteur ne veut voir là qu'une « *wohltönende Tirade* ». Il ajoute qu'on ne devait pas penser pendant le siège à cultiver les jardins(!).

Quoi qu'en dise M. K., ce texte semble bien indiquer que Siloé se trouvait. comme les autres sources dont il est question, en dehors de la ville, puisque c'est d'elle, avec les autres, qu'on dit qu'elles fournissaient abondamment de l'eau aux Romains pendant le siège. Si elle était intérieure, il n'y avait pas lieu de la nommer avec les autres.

4° Enfin, de ce que Josèphe dit ailleurs qu'au moment de la révolte Simon Gioras occupait à Jérusalem la partie du vieux mur qui se détournait à Siloé du côté de l'Orient, plus la fontaine de Siloé et la ville basse, M. K. croit pouvoir conclure : donc la source faisait partie de la ville. M. K. n'aurait pas donné cet argument, s'il avait remarqué dans le même texte qu'il y est dit de Jean de Gischala, l'adversaire de Simon, qu'il occupait avec le temple et ses alentours *le torrent d'Cédron*, lequel ne faisait certainement pas partie de la ville [1].

En accompagnant M. Guthe dans la recherche de son mur oriental de l'Ophel, M. K. se permet, à bon droit, me semble-t-il, de réserver son opinion au sujet de la tranchée que l'explorateur allemand a *soupçonnée* dans le milieu de la colline (pp. 81, 82, l'existence d'une telle tranchée en cet endroit n'ayant pas été prouvée. C'est à tort d'ailleurs que M. Guthe voudrait faire de cette tranchée si elle existait, la vallée dont Josèphe dit qu'elle fut comblée des débris de l'*Acra* (p 81). Josèphe, en effet, ne parle pas en cet endroit d'une tranchée artificielle, mais d'une *vallée*, et d'une vallée *sur laquelle donnaient les portes du temple*, puisqu'il dit qu'en comblant cette vallée, on fit que ces entrées du temple se trouvaient de plain-pied avec la ville.

C'est encore une erreur de M. le professeur Guthe de donner à la porte découverte par M. Bliss à l'angle sud-ouest du Sion le nom de *porte de la vallée* (p 60). Quoique, comme le fait justement observer M. K., ce nom *hagai* désigne exclusivement la vallée de Hinnôm, l'argument ne vaut cependant pas. D'abord, parce que cette vallée commençait à la porte dite actuellement de Jaffa et qui, par conséquent, pouvait tout aussi bien être dite *porte de la vallée*; puis, parce que c'est à cette porte que le texte de Néhémie nous oblige de réserver ce nom; enfin, parce que Josèphe désigne nommément la porte en question, comme l'a fait M. Bliss, du nom de *Porte des Esséniens*.

Bien aventureuses me paraissent encore les hypothèses de notre

---

1. L'exclusion de Siloé est confirmée d'ailleurs par la tradition juive. Nous lisons, en effet, dans les Commentaires de Bartenora sur la Mischna, *Soucco*, iv, 9 : « Siloé est une source *en dehors* de Jérusalem. »

auteur, soit quand il admet comme possible que la partie nord du *premier* mur n'ait été prolongée jusqu'au temple que sous les Hasmonéens (p. 93), soit quand il émet l'avis que le mur dont M. Bliss a découvert le tracé, allant de l'angle sud-est du Sion au temple, était un mur *existant dans l'ancienne ville* et séparant la ville haute de la ville basse (pp. 99-102). Si ce mur avait existé alors, Josèphe en aurait parlé. L'hypothèse mise en avant par M. Bliss est autrement fondée que celle de M. K.

Le Second Mur.

En traitant des murs intérieurs à la ville, M. K. arrive à parler du fameux « second mur ».

De nos jours, comme le note l'auteur (p. 93), on fait généralement partir ce second mur de la porte de Jaffa et on lui donne plus ou moins les circuits imaginés par Schick. Notre auteur ne partage pas entièrement cette façon de voir et je l'en félicite : dans un travail que j'espère publier plus tard, je prouverai que le second mur de Schick est purement fantaisiste et que nous avons des motifs fondés de tracer ce mur tout autrement.

M. K. me paraît être dans le vrai quand il affirme (p. 95 que le mur de Schick « ne répond en rien aux données de Josèphe ». Très judicieuse aussi son observation à propos des vestiges de constructions anciennes, découvertes surtout à l'est du Saint-Sépulcre, dans lesquels M. de Vogüé, entre autres, a voulu voir des restes de ce mur et de la porte dite « judiciaire ». D'après M. K. ce ne seraient là que des restes des constructions constantiniennes (pp. 95 et 190-191). Je suis heureux d'avoir à constater que des découvertes toutes récentes sont venues lui donner entièrement raison. En effet, au mois d'octobre dernier le *Palestine Exploration Fund Quarterly Statement* publiait (p. 297) un rapport de M. C. K. Spyridonidis sur ces découvertes et, de son côté, le R. P. H. Vincent, O. P., en donnait une critique très intéressante dans la *Revue biblique* octobre 1907, p. 586. Il s'agit précisément du mur et de la porte observés autrefois par M. de Vogüé et étudiés ensuite plus soigneusement par M. Clermont-Ganneau. Il y a quelques années, les Russes, en construisant en cet endroit leur Hospice Alexandre, y firent des fouilles dont on parla beaucoup et qui fournirent au regretté Schick l'idée d'une forteresse imaginaire, pour la reconstruction de laquelle il utilisait fort ingénieusement les murs découverts. Les Coptes viennent, à leur tour, de fouiller dans leur propriété, sise au nord de celle des Russes, et ce sont précisément ces fouilles qui ont donné la clef de celles qui avaient précédé. Le mur large, trouvé d'abord chez les Russes, se poursuit chez les Coptes, gardant sa direction sud-nord et vient de donner une porte centrale de 1 m. 32 d'ouverture, et, plus au nord, à une distance égale à celle qui sépare cette porte de celle découverte autrefois chez les Russes, une troisième porte faisant pendant à celle-ci et mesurant comme elle 2 m. 52 d'ouverture. Comme le fait très bien observer le R. P. Vincent, on se trouve donc en présence d'un mur qui servait d'enceinte extérieure au Saint-Sépulcre du côté de l'orient, avec les trois portes signalées sur la mosaïque de Madaba. Pour cet auteur, ces ouvertures auraient été pratiquées après coup dans un mur antérieurement construit et il le prouve de ce fait que les pierres admises dans l'édification du portail central semblent ne pas se trouver dans la situation pour laquelle elles auraient été primitivement taillées (op. cit., pp. 589-591). Ce fait est très important et nous ne saurions trop féliciter le R. P. Vincent d'avoir eu seul le flair archéologique de relever ce détail, négligé par tant d'autres témoins de la découverte. Il en conclut que ce mur n'a pas été fait, mais utilisé par Constantin, et, étant donné le grand appareil du travail, il n'hésite pas à admettre qu'on se trouve en présence du « second mur » si cherché jusqu'ici.

J'avoue que, sur ce dernier point, je ne puis admettre entièrement la conclusion du sagace explorateur et je vais en donner la raison. Cette raison m'est fournie par le graphique très intéressant dont le même auteur accompagne son article (op. cit., p. 587). Il a observé à l'est du mur en question un dénivellement du roc en forme d'escarpe de 1 m. 20 et qui semble aller en s'accentuant du côté de a rue *Khan ez-Zeit* : d'où l'escalier que nous signale le Révérend Père comme ayant servi à donner accès de ce côté à la plateforme constantinienne (p. 758. Or je ne pense pas que cette escarpe puisse être attribuée à Constantin, premièrement parce qu'on n'en voit pas la raison, et secondement parce qu'on a retrouvé sur le roc en cet endroit des vestiges de la colonnade antique qui bordait cette rue dès avant cet empereur.

Il semble plus naturel de supposer que l'empereur a construit les marches pour obvier à l'escarpe plutôt que d'admettre qu'il aurait creusé l'escarpe pour établir des degrés. D'ailleurs, en pratiquant cette escarpe, il eût modifié le niveau de la rue, ce qui pouvait avoir des inconvénients.

Dès lors on ne saurait admettre un mur de ville dans la position donnée, ayant une escarpe à l'intérieur tandis qu'à l'extérieur il touchait immédiatement à un rocher qui allait en s'élevant de plus en plus, comme ce serait nécessairement le cas ici. La conclusion semble donc s'imposer que, si ces pierres, comme le pense le R. P. Vincent, ont quelque rapport avec le second mur, elles ne sont pas *in situ*. Cela expliquerait mieux, à mon avis, le fait observé par cet auteur, que ces pierres ne sont point utilisées dans cette construction suivant la destination que semble indiquer leur taille première. Il suffirait, pour confirmer mon hypothèse, de s'assurer si la même observation, au lieu de se borner aux pierres formant le cadre des ouvertures, ne doit point s'étendre aussi à celles qui constituent le corps de la muraille.

Dans ce cas, tout en admettant avec le R. P. Vincent que ces pierres aient servi primitivement à constituer le second mur, je serais d'avis qu'elles ont été transportées ici de leur site primitif, qui doit se trouver alors de l'autre côté de l'escarpe, c'est-à-dire du côté oriental de la rue *Khan es-Zeit*. Cette rue elle-même aurait ainsi été établie par la suite dans le fossé creusé autrefois pour la défense du second mur. Ainsi l'escarpe découverte à l'orient du mur de Constantin ne serait autre chose qu'un reste de la contrescarpe ancienne. Je dis un reste, car la contrescarpe devait évidemment avoir plus d'un mètre de haut. Elle est actuellement à la cote 751 m. 10. Or, si l'on considère l'état des courbes de niveau en cet endroit, on est obligé d'admettre que le rocher naturel a subi un travail de nivellement, non seulement sur l'emplacement de la basilique constantinienne, mais aussi dans les environs. Le roc du Gareb semble, en dévalant vers le Tyropéon, avoir produit ici un gisement, resserré entre la partie nord et recourbée de cette vallée et la vallée transversale venant de la porte de Jaffa, formant plateau et assez semblable à celui qui se trouve sur le côté nord-est du Sion traditionnel. Ce gisement est bien caractérisé par la courbe 750, surtout quand on la compare à la courbe 765 et à celles qui font suite dans le sens de l'élévation. Derrière la rotonde du Saint-Sépulcre le roc effleure encore à 760 mètres, tandis que le niveau de la basilique est 755. Le Calvaire, coté 765, devait former en cet endroit un mamelon, isolé par des vallons des sommets avoisinants, qui pouvaient bien, eux aussi, avoir une hauteur sensiblement pareille. Ce qui porterait à le croire, c'est que le Saint-Sépulcre, avant d'avoir été endommagé par la piété peu éclairée des constructeurs de la basilique constantinienne, était creusé dans le flanc d'une roche qui atteignait nécessairement à peu près cette hauteur. D'ailleurs, l'uniformité de surface du roc, qui forme escarpe sous

le mur, étant à 754 mètres actuellement, semble bien indiquer que primitivement l'élévation inégale de cette masse devait être plus considérable. La contrescarpe aurait été diminuée peut-être d'abord pour la construction des maisons bordant la nouvelle rue, puis sans doute aussi par Constantin, pour obtenir son esplanade uniforme.

Ceci suggérerait encore que les vestiges de gros mur trouvés également plus au sud, au Mouristan, à l'emplacement de l'église allemande dite *Erlöser Kirche*, pourraient bien avoir une provenance identique, comme on y avait pensé déjà, quoi qu'en dise M. K. (p. 95). Cela ramènerait à un tracé du second mur partant à peu près de ce qu'on a pris autrefois pour un vestige de la porte *Gennath* et s'adaptant plus correctement que le mur en zigzags de Schick à la simplicité de la description de Josèphe, quand il dit de ce mur que, partant de la porte *Gennath* « et n'enveloppant que la région nord seulement », il « remontait jusqu'à l'Antonia » B. J., V, 4, 2. On a fait observer que les vestiges de la porte semblent ne pas remonter au temps de l'historien : cela n'a rien d'étonnant, étant donné que Titus renversa les murailles ; mais une porte postérieure aurait pu être construite sur l'emplacement de l'ancienne.

La conclusion de tout cela, c'est que, si l'on veut, en dehors de tout parti pris, trouver réellement le mur tant désiré, il serait indispensable que l'on fît dans la rue *Khan ez-Zeit*, et surtout du côté oriental de cette rue, quelques fouilles intelligentes, pour s'assurer si cette rue n'est pas un ancien fossé de rempart et si l'escarpe du mur ne se trahirait pas à l'est de la rue, portant peut-être encore en quelque endroit des pierres semblables à celles du mur de Constantin et de l'église allemande.

Comme je l'ai dit, en effet, plus haut, on ne saurait songer à situer le second mur sur les pentes du Gareb sans lui donner une tranchée de protection contre ces mêmes pentes qui le dominaient.

Aussi M. K., comme jadis le colonel Conder (*Tent work in Palestine*, p. 194, pour n'avoir pas envisagé l'hypothèse de ce fossé, se refuse à admettre un mur en cet endroit, parce qu'il ne se trouverait pas dans les conditions exigées par la fortification stratégique ; et dès lors, il n'hésite pas à rejeter l'authenticité du site traditionnel du Saint-Sépulcre comme *ne pouvant pas* s'être trouvé en dehors de la seconde enceinte (p. 91), sauf à se rallier au « Gordon's Tomb », qu'il indique sur sa carte comme le « Golgotha *probable* ».

M. K. avoue (p. 182) avoir admis déjà dans un travail précédent « que cette Tête fixée sur la grotte de Jérémie est réellement *wir-*

klich; la colline sur la chaude élévation de laquelle le Sauveur souffrit autrefois le supplice de la Croix ». Si c'est un argument que prétend donner ici M. K., je lui ferai observer qu'il n'est pas convaincant. De ce que ce rocher aurait conservé la forme d'une « Tête chauve », ce n'est pas suffisant pour pouvoir affirmer que c'est *le seul* qui ait eu autrefois aux environs de Jérusalem une forme semblable, surtout étant donné que celui que l'on conserve dans l'église du Saint-Sépulcre semble bien avoir eu autrefois pareille forme et en avoir gardé quelque chose, malgré les constructions qui lui ont été adossées et les ornementations qui le voilent. Cet argument tiré de la forme ne suffit pas non plus pour prouver que celui de Gordon est bien celui qui fut nommé autrefois *Golgotha*.

M. K. ajoute, citant Soden (*Reisebriefe aus Palästina*) : « Ce que l'église du Sépulcre ne donne pas et ne peut donner, à savoir le caractère de cette cime devant les portes, en vue des rues, sous le ciel libre, cela est donné par cette colline tranquille, sans constructions ici, on peut faire son Vendredi-Saint en esprit. » A quoi l'auteur ajoute : « En face de cette colline du Golgotha, s'ouvrent, sous l'escarpe *qui porta autrefois comme aujourd'hui le rempart*, les larges souterrains appelés aujourd'hui « les grottes de coton », qui, du temps de Jésus, étaient nommées « les cavernes royales. » (*Ibid.*)

Tout cela me paraît fort peu scientifique, plutôt puéril, et, en tout cas, n'ajoute rien de sérieux à l'argument précédent. J'ai déjà dit que, pour ce qui concerne « le caractère de la cime », ou la forme de « tête chauve », il est inexact de prétendre que le Golgotha traditionnel ne le donne pas. A moins que l'argument de M. Soden ne tire sa force de ce fait que l'un est caché par des « constructions », tandis que l'autre est sous le « ciel libre ». Mais un pareil raisonnement serait, je le répète, pur enfantillage, et il y aurait lieu de s'étonner que M. K. lui eût donné asile, dans un livre si sérieux et plein de si bonnes choses. Quant au fait que cette cime se trouve « devant les portes » ou « en face » de « l'escarpe qui porta autrefois *comme aujourd'hui* le rempart », il y a là une inexactitude historique. Le troisième mur, dont M. K. admet avec raison, je l'ai déjà dit, que le tracé, du moins en ses points principaux, devait concorder avec le mur actuel (p. 53) n'existait pas au temps du Christ, puisque ce fut le roi Agrippa qui l'entreprit le premier. Quant à l'argument tiré de la « tranquillité » et de la « paix », c'est un argument de sentiment. Cela vaut peu en matière archéologique. D'ailleurs, s'il valait, ce serait uniquement pour prouver que peu de gens croient au Golgotha de Gordon.

Quant aux « grottes de coton », j'avoue ma parfaite ignorance du rapport qu'elles peuvent avoir avec le *vrai Golgotha*.

Feu Major C. Wilson, traitant le même sujet dans son *Golgotha*, faisait observer que le nouveau Calvaire dit « protestant » avait dû en grande partie ce qu'il eut jamais de succès au *Murray's Handbook to Palestine*. Le Major ajoutait que les éditeurs de cet ouvrage avaient jugé à propos de retrancher cette identification de leurs dernières éditions. Je crois que M. K. ne perdrait pas grand chose à imiter cette prudence. Il voudra bien m'excuser si je n'apporte rien de positif ici contre la thèse qu'il défend : je le ferai dans le travail dont j'ai déjà parlé.

Quant au nouveau tracé que M. K. propose (p. 95) pour le second mur, tracé qui enfermerait le Saint-Sépulcre dans l'ancienne ville, il suffira de dire qu'il n'est fondé lui-même sur aucune donnée historique, ni archéologique.

L'Esplanade du Temple.

M. K., parlant des vastes souterrains situés sous l'angle sud-est de l'esplanade et appelés de nos jours « Écuries de Salomon », donne des références tirées de Josèphe qui ne sont pas *ad rem* (p. 125). En effet, dans les textes en question il s'agit d'une façon indéterminée de *canaux souterrains de la ville*, dans lesquels les habitants, d'après l'historien juif, cherchèrent un refuge pour se soustraire à leurs ennemis. L'un de ces textes B. J., V, 3, 1, dit tout au plus que les vaincus, après la prise de la ville par Titus, se frayant un chemin par ces *conduits* souterrains, parvinrent jusque sous le temple ; mais rien ne fait formellement allusion aux « écuries de Salomon », comme le voudrait l'auteur. Le texte B. J., VI, 9, 4, ne parle lui aussi que de conduits souterrains *de la ville*, que les Romains défonçaient en fouillant le sol.

Ce que M. K. dit (p. 131) de la « *porte à degrés* », qu'il identifie avec la porte dite « de Barclay », est, par contre, en parfaite conformité avec le texte de Josèphe (A. J., XV, 11, 5), quoique notre auteur ne le cite pas. Quant à l'opinion de M. Warren, qui voudrait placer cette porte au nord de l'arche de Wilson, elle est insoutenable ; car, si jamais il y eut une vraie porte en cet endroit, ce qui me paraît fort douteux, ce ne pourrait être qu'une des deux portes que, sous les Hasmonéens, on mit de plain-pied avec la ville, d'après Josèphe, en comblant la vallée en cet endroit. J'avoue cependant

que les deux portes en question me paraîtraient mieux situées sur
l'emplacement de *Bab el Katanin* et *Bab el Hadid*.

M. K. émet l'avis p. 138, qu'après le retour de la captivité, le
palais des rois ne fut pas rebâti et qu'à sa place se serait élevée la
fameuse « Acra », dont Josèphe parle tant, observe-t-il justement,
sans nous dire nettement où elle se trouvait, ce qui fait que chacun
la place à sa façon. C'est là encore une question que je traiterai
plus en détail ailleurs. Pour le moment, je me contenterai de dire
que l'opinion de M. K. n'est fondée sur rien d'objectif. Rien ne
prouve en effet que les rois de Juda n'aient pas continué d'habiter
l'ancien palais de Salomon. De ce qu'on ne parle pas de la restau-
ration du palais, on n'est pas en droit de conclure qu'elle n'ait point
eu lieu. En tout cas, pour transporter ailleurs le palais des rois, on
n'a rien de positif.

A propos de la partie sud-ouest du mur d'enceinte du Haram,
M. K. remarque (p. 140) que les pierres placées au-dessous du
dallage de l'ancienne rue du Tyropéon parurent n'avoir point souf-
fert des injures du temps, tandis que celles qui leur sont superpo-
sées et forment les couches supérieures semblent, au contraire,
avoir été avariées. Il en conclut à bon droit que les premières
furent dès le principe enfouies sous le sol, tandis que les autres
demeurèrent exposées à l'air libre. Mais il a tort d'appliquer ici le
fameux texte de Josèphe (B. J., V. 4, 1) qui, d'après le contexte lui-
même, concerne seulement la partie de la vallée qui séparait la
colline du temple de la « troisième colline », ou colline du Calvaire.
C'est là seulement que la vallée fut comblée sous les Hasmonéens,
avec les débris de l'Acra, — ce qui prouve que l'Acra était plutôt
au nord du temple, comme je l'ai indiqué plus haut, à l'endroit où
M. K. nous a fait observer lui-même les traces du changement subi
par le roc — ; et cette vallée, nous dit l'historien juif, fut comblée
de façon à mettre les entrées du temple, de ce côté, de plain-pied
avec la ville. Ce dernier point prouve, à n'en pas douter, qu'il ne
s'agit pas pour Josèphe de la partie sud-ouest de l'enceinte, comme
le voudrait M. K., puisque cette dernière partie, d'après Josèphe,
ne comportait pas d'entrées de plain-pied, mais l'une supportée
par l'arche de Wilson et l'autre à escaliers descendant dans la
vallée.

M. K. agite à ce sujet une autre question. D'après lui, les pierres
à bossages, tout comme les pierres lisses qui leur sont superpo-
sées, seraient également l'œuvre d'Hérode, qui aurait employé les
premières pour les parties des fondations enfouies sous le sol et
aurait réservé les secondes pour les parties visibles de l'édifice

(pp. 110, 111). Je n'oserais, quant à moi, trancher une question si difficile aussi résolument.

Parlant de l'arche de Robinson (p. 111), notre auteur la juge moins ancienne que celle de Wilson. Il est certain que Josèphe ne parle que de l'une des deux, et il semble bien que c'est de celle de Wilson, qui conduisait au palais royal, qui reliait le temple au Xyste, celui-ci étant près du mur (B. J., V, 4, 2), qui était l'entrée principale du temple. Le fait que c'est sur cette arche que passait l'ancien aqueduc pour pénétrer dans le temple, favorise également cette hypothèse. M. K. parle de cette arche plus loin (pp. 143-144)[1]. Quant à celle de Robinson, il cherche à en faire un pont qui aurait supporté les marches de la *porte à degrés* de Josèphe. Cette identification ne me paraît pas heureuse. Josèphe dit, en effet, positivement que ces degrés *descendaient nombreux de la porte dans la vallée pour en remonter ensuite dans la ville* : βαθμῶν πολλοῖς κάτω τε εἰς τὴν φάραγγα διηγμένων, καὶ ἀπὸ ταύτης ἄνω πάλιν ἐπὶ τὴν πρόσβασιν (A. J., XV, 11, 5). Il faut observer, en outre, que Josèphe ne parle pas de cette arche. Il dit positivement (*loc. cit.*) que de ce côté (occident) l'esplanade avait quatre portes : une conduisant au palais royal en coupant la vallée, deux donnant accès au faubourg (προάστειον, ce qui, pour l'historien juif, est, on le sait, la partie de la ville enfermée dans le second mur), et une quatrième, qui est la *porte à degrés, conduisant au reste de la ville*, c'est-à-dire sur la colline du Sion. Donc il faut admettre que, du temps de Josèphe, l'arche de Robinson n'existait pas. Donc elle serait postérieure, à moins que l'on suppose, — ce qui ne semble pas être l'avis de ceux qui ont étudié la maçonnerie de cette muraille, — que la partie du mur où se trouvent encastrés les vestiges de cette arche soit d'une construction antérieure à Hérode.

LA QUESTION HYDROGRAPHIQUE.

M. K. aborde ensuite une autre question, qui est, elle aussi, d'une grande importance pour la topographie de l'ancienne ville, la question hydrographique (sources, citernes, conduits d'eau) et on peut dire en général qu'il la résume assez bien. Cette question

---

1. A noter à ce sujet une inexactitude, lorsque M. K. dit que ce pont dut être détruit lorsque les partis se disputaient la ville, pendant le siège de Titus (p. 144). Josèphe affirme (B. J., VI, 6, 2) qu'après l'incendie du temple, au moment des pourparlers entre Titus et les rebelles, *le pont les séparait*.

est importante au point de vue topographique, parce que, vu le texte de l'Ecriture dont j'ai parlé plus haut, où il est dit que le roi Ezéchias amena le Gihôn à l'occident de la ville de David, on place cette ville de David diversement, suivant la façon dont on identifie le Gihôn.

Tous ceux qui sont au courant de la discussion savent que *la ville de David, le Sion, le lieu du tombeau de David* sont, au point de vue topographique, une seule et même chose. Je m'étonne que M. K. semble ignorer cette conclusion qu'admettent cependant, d'après des textes irrécusables de l'Écriture, les champions de l'Ophel comme les tenants de la tradition. Aussi, après avoir avec les traditionnalistes placé le Sion sur la colline sud-ouest, comme nous l'avons vu plus haut, notre auteur semble admettre avec les Ophélites et le tombeau de David sur la colline orientale (p. 181), et que les cinq marches découvertes par M. Bliss, et qui donnaient accès à l'étang inférieur de Siloé (sans doute la *natatoria Siloé* de l'Évangile), *peuvent* être les fameux « degrés de la cité de David » dont il est question au livre de Néhémie, et qu'alors la cité de David se serait trouvée sur l'Ophel (pp. 196, 197) et le mur fort douteux de M. le professeur Guthe à l'orient de la colline, et surtout le fait que Siloé ait été enfermée dans l'ancien mur, et l'identification de la « fontaine de la Vierge » avec le *Gihôn* et du « bir Eyoub » avec *En Rogel*, et enfin celle du tunnel de Siloé avec le fameux aqueduc d'Ezéchias.

Quant à ce dernier point, il est bon de remarquer que l'identification de ce tunnel, dont on semble faire de nos jours comme un axiome, n'est après tout, — et l'on s'en convaincra aisément si l'on veut bien approfondir la question sans parti pris --, qu'un postulat. Tout ce que la science affirme de ce conduit, d'après l'inscription qui y fut découverte en 1880 et dont notre auteur donne la traduction (pp. 174-175), c'est que ce canal est *très ancien*, qu'il peut remonter aux époques les plus reculées de l'histoire juive. Mais, pour affirmer qu'il soit celui d'Ezéchias, il faut admettre que le texte de l'Écriture *ne peut s'expliquer que par ce conduit*, ce qui est simplement faux, comme les données archéologiques reproduites par M. K. le démontrent. En d'autres termes, s'il n'y a que ce canal qui puisse être le conduit d'Ezéchias, la théorie de l'Ophel s'impose. Mais l'archéologie ne permet pas d'admettre l'antécédent de l'argumentation.

Je ferai observer tout d'abord que nous avons déjà, comme présomption contre cette identification, les faits suivants : que le réservoir supérieur de Siloé, qui fait un avec le conduit, est appelé par Josèphe « la piscine de Salomon » (B. J., V, 4, 2 [1], ce qui ne s'expliquerait pas si le conduit était d'Ézéchias ; que le fameux rocher *Zohéleth*, comme le reconnaissent les savants au courant de cette question, a été retrouvé par M. Clermont-Ganneau en face de la fontaine de la Vierge [2], ce qui obligerait à admettre que le vrai nom de cette fontaine n'est pas *Gihôn*, comme le veulent les tenants de l'Ophel, mais *En Rogel*, d'après la Bible, et qu'en conséquence, le *Gihôn* doit être cherché à l'opposé ; enfin que, si l'hypothèse des Ophélites était admise, il faudrait logiquement récuser le témoignage de Josèphe, non seulement en tant qu'il place le Sion sur la colline sud-ouest, mais encore quand il décrit *l'ancien* mur de la ville, si exactement retrouvé par M. Bliss. Cet explorateur avoue en effet, que ce qui l'a guidé dans ses recherches, c'est le texte de l'auteur juif. On a fait valoir bien d'autres inconvénients encore : ce n'est pas le lieu de les rapporter. Revenons plutôt à l'argument : le canal de Siloé est-il le seul qui puisse expliquer le texte relatif à Ézéchias ?

Ici, comme dans la question des murs, l'archéologie donne raison à Josèphe et avec lui à la tradition.

Si *En Rogel* doit être localisé à la fontaine de la Vierge, il est naturel de chercher *Gihôn* à l'opposé, d'après le récit du sacre de Salomon dans l'Écriture. Or, nous avons, au nord-ouest de la « ville de David » de la tradition, un grand réservoir qui a gardé le nom de « piscine d'Ézéchias ». M. K. fait observer (p. 150) qu'il est, en toute hypothèse, d'un travail fort ancien et se trouve relié par un conduit avec le *Birket Mamilla*, à l'ouest de la ville. Ailleurs (p. 101) le même auteur remarque que, dans les fondations de la « Tour de David », se trouve une vieille citerne, alimentée aussi par le conduit de Mamilla. « Deux anciens conduits, écrit-il plus loin (p. 100), entrent dans la ville, venant de l'ouest. C'est d'abord celui qui,

---

1. M. K. fait à ce sujet la remarque suivante (p. 149) : « Le plus grand étang, celui d'en bas, *Birket el Hamra*, est regardé par plus d'un explorateur comme le plus ancien réservoir, peut-être construit par Ézéchias, et appelé dans l'Écriture (Neh., II, 16) « l'étang du roi » et qui avait peut-être le but secondaire d'arroser de son eau l'écoulante les « jardins du roi » situés auprès. » En lisant attentivement le texte cité, on verra que ce texte se rapporte plutôt, comme celui de Josèphe, au réservoir supérieur. On sait, en outre, que ces « jardins du roi » doivent leur origine à Salomon. Le rapprochement indiqué par M. K. aiderait à comprendre l'expression de Josèphe et porterait à croire que le conduit et le réservoir auraient pu ne faire qu'un avec ces fameux jardins.

2. M. Kuemmel donne cette découverte d'une façon hypothétique (p. 198). Néanmoins ce qu'il ajoute est vrai : « S'il a raison (M. Cl. Ganneau) on aurait gagné par là un fondement non seulement sûr, mais encore *extrêmement important* pour la topographie de l'ancienne ville. »

venant de l'étang Mamilla, entre, à l porte de Jaffa, à travers le mur de la ville et débouche dans le *birk t hammam el batrak* (piscine d'Ézéchias). A une autre citerne, dans les fondements de la tour, sise au nord-ouest de la Citadelle et dont les fondations sont regardées comme celles de la tour Hippicus d'Hérode, on a retrouvé les restes de l'ancien conduit qui, d'après la description de Josèphe, pénétrait dans cette tour (B. J., V, 7, 3). Le second conduit, venant du nord-ouest, fut découvert dans l'établissement russe (au nord-ouest de l'enceinte moderne) ; près de la forteresse de Goliath (*Kasr Djalout*), il traverse le mur de la ville et se dirige au sud-ouest vers le patriarrat latin. Quant à savoir si ces conduits répondent à celui d'Ézéchias, dont on a parlé plus haut cela demande à être confirmé par de plus amples découvertes. Lequel de ces deux conduits doit être regardé comme venant du « conduit supérieur », la question demeure encore aujourd'hui ouverte... *Il est possible que le conduit supérieur s'ouvre dans un étang découvert sur la hauteur à l'ouest de la citadelle, qui, à son tour, aurait alimenté le Mamilla. Il est également possible, si le conduit supérieur a eu pour but de pourvoir d'eau le nord de la ville, qu'en contournant l'étang Mamilla, il allât rejoindre le conduit de l'établissement russe,* pourvu que les élévations du canal autorisent cette supposition. »

M. K. nous parle encore d'un canal certainement très ancien, pouvant, selon lui, remonter jusqu'au temps d'Ézéchias (p. 168), qui descend du nord au sud au fond de la vallée de la ville (le Tyropéon) à partir à peu près du point de débouché, dans cette vallée, de la vallée transversale; en partie creusé dans le roc, en partie fait en maçonnerie, atteignant jusqu'à 3 m. 60 de haut et 1 m. 22 de large, muni d'espace en espace de citernes arrondies, dont le fond forme une cuvette ou puits plus bas que le lit du canal et dont le sommet est muni d'un trou d'homme.

D'autre part, notre auteur nous parle en divers endroits du fameux conduit ancien, qui allait de la tour de David vers le temple, déjà cité par *Moujir-ed-Din* et retrouvé de nos jours, soit près du temple par M. Warren, soit par M. Johns et non par Schick, comme dit l'auteur, lors de la construction de l'église protestante anglaise sur le nord du Sion, d'une largeur de 0.43 — 0.63 et d'une hauteur de 1 m — 1 m. 83, taillé entièrement dans le rocher dans sa partie occidentale. Il est vrai qu'influencé sans doute par les dires de Moujir ed-Din, M. K. en parle constamment comme d'un *passage* souterrain. Cependant il finit par avouer (p. 181) que ce canal, étant cimenté, semble avoir servi de conduit d'eau. Cette conclusion semble, en outre, confirmée par ce que dit notre auteur (p. 131), que ce fameux passage aboutit à des souterrains servant les uns de cloaques les autres de citernes

Enfin, M. K. émet l'avis que l'ancien aqueduc, venant des Vasques de Salomon, qui va couper la vallée de Hinnôm au-dessus du *birket es-Soultan*, pourrait bien avoir constitué lui-même le fameux conduit supérieur qui amenait l'eau à l'occident de la ville de David p. 172.

En tout cas, — et, si j'ai insisté sur ce point, c'est qu'il est d'une importance fondamentale pour la topographie de l'ancienne Jérusalem, — *rien*, on le voit, n'autorise la conclusion admise trop docilement et trop généralement, que le tunnel de Siloé *peut seul* être l'aqueduc d'Ézéchias.

Parlant des citernes et réservoirs de la ville, M. K. émet l'avis, (p. 151) que le réservoir appelé *birket Israin* ou *Israïl* et situé à l'angle nord-est de l'esplanade du temple, peut remonter, quoique Josèphe n'en fasse pas mention, jusqu'au temps des rois de Juda ou même à la période préexilitique. Comme je l'ai indiqué plus haut, je ne crois pas que cette manière de voir puisse être admise. Je pense que si Josèphe n'en a pas parlé, c'est que de son temps ce *birket* n'était autre chose que l'extrémité orientale du fossé de protection de la partie nord du second mur.

Je suis également d'avis que certaines identifications portées sur la carte de M. K., à propos des réservoirs surtout, n'étant pas garanties par la science, mais simplement hypothétiques, devraient être laissées de côté. Pourquoi indiquer, par exemple, qu'au moyen âge on a pris ce *birket Israïl* pour la *piscine de Bethesda* ? Des documents graves et anciens placent cette piscine près de l'église de Sainte-Anne, là même où les « Pères blancs » ont découvert sous le sol la vaste piscine dont M. K. parle, mais sans appuyer sur cette identification, que je crois l'une des plus certaines que nous ayons. Rien n'autorise, à mon avis, l'identification du *birket es-Soultan* avec la « fontaine du dragon » de Néhémie.

Le même auteur a le tort de paraître attribuer à M. Bliss (p. 174) l'idée que la grande courbe sud du canal de Siloé serait due à la présence en cet endroit des tombeaux des rois de Juda. C'est M. Clermont-Ganneau, comme d'ailleurs M. K. le reconnaît en un autre passage (p. 192), qui fut le premier à émettre cet avis, que je regarde d'ailleurs comme n'étant pas fondé.

Lorsque M. K., parlant de la double piscine découverte au nord-ouest du site de l'Antonia (p. 170), prétend que cette piscine serait un vestige du fossé qui protégeait la forteresse, il fait évidemment

erreur, puisque Josèphe raconte (B. J., V, 11, 4) que Titus construi-
sit l'un des deux *aggeres* qu'il disposa dans ce fossé, au milieu de
la piscine Strouthion ce qui suppose que la piscine existait déjà
dans le fossé et, par conséquent, qu'elle ne constituait pas le fossé
lui-même [1].

La théorie émise plus loin par notre auteur (pp. 177 et 191),
d'après laquelle il faudrait attribuer à Hadrien et la voûte de cette
piscine et le dallage du fossé tel qu'on l'a retrouvé de nos jours, et
l'arc dit de l'*Ecce Homo*, ne repose sur aucun fondement objectif.
Le dallage et l'arc me paraissent plutôt remonter à Hérode pour des
raisons que j'exposerai ailleurs.

De même, l'identification du canal qui s'ouvre au sud de cette
même piscine, et dans lequel M. K. veut voir le fameux
« *Mordgang am Stratonsturm* » (p. 177), me paraît bien hasardée.
Comme il sortait d'une piscine, *qui était alors piscine*, il est
naturel de le prendre plutôt pour un conduit de déversement. J'en
dirai autant des divers canaux qui relient les citernes du Haram
entre elles (p. 178).

M. K. dit encore (p. 180) du conduit d'égout retrouvé par
M. Bliss sous le dallage de la rue du Tyropéon, près de Siloé, qu'il
reçoit sur son parcours beaucoup de canaux de déversement
venant des deux côtés. Je ne sais sur quelle autorité M. Kuemmel
fonde cette assertion. Quant à M. Bliss, lorsqu'il raconte les découvertes qu'il fit en ce point (*Excavations*, p. 170), il parle bien de
« nombreux conduits latéraux aboutissant au conduit principal »,
mais, sans dire qu'ils viennent *des deux côtés*, il donne une conclusion qui semblerait indiquer plutôt le contraire, à savoir « que *la
colline de l'ouest* fut occupée aux époques les plus reculées ».

Ce que M. K. dit des tombeaux des rois d'Adiabène (p. 181) me
paraît très bien résumer ce qui est connu à ce sujet.

Il est moins heureux quand (p. 180) il propose l'identification du
monument dit d'Absalom avec le tombeau d'Alexandre Jannée, que
le texte de Josèphe, dont la référence est donnée ici, place plutôt
vers le nord-est de la ville.

A propos des anciens monuments, je ferai observer que, si notre
auteur place le palais d'Hérode conformément aux données historiques que nous possédons, on ne saurait en dire autant de l'emplacement qu'il assigne à celui des Hasmonéens (cf. Karte). Plusieurs

1. Le roc qui se voit encore actuellement à fleur du sol et au même niveau que le
dallage dans la cour du nouveau couvent des RR. PP. Franciscains, en cet endroit,
contredit également cette hypothèse.

textes de Josèphe localisent, en effet, ce dernier palais au même
endroit que celui d'Hérode et portent à croire que le roi parvenu
n'aurait fait qu'aménager plus somptueusement le palais royal
déjà existant. Ainsi il est dit (B. J., II, 16, 3) que « la maison des
Hasmonéens » se trouvait « en haut du Xyste, à l'extrémité de la
ville haute ». Josèphe dit encore (A. J., XX, 8, 11) : « Le palais
royal avait été construit autrefois sous les fils d'Hasmonée, et,
placé sur un lieu élevé, il offrait une vue superbe, etc. ». Ce ne
serait pas le cas pour l'emplacement que lui assigne M. K. Le
contexte de ces deux passages me semble indiquer comme situation de ce palais l'extrémité orientale du plateau de Sion, tandis
que le palais d'Hérode se serait trouvé du côté occidental. Dans
cette position, on comprend, en effet, qu'Agrippa, ayant réuni le
peuple au Xyste, ait pu placer sa sœur Bérénice « en vue, sur la
maison des Hasmonéens », et qu'Agrippa lui même, ayant aménagé
ce palais, pût de là « contempler de loin ce qui se passait dans
l'intérieur du temple ».

En outre, pourquoi, sur sa carte, notre auteur place-t-il au palais
royal *le prétoire de Pilate?* Le prétoire suivait le préteur. Que
Pilate ait habité au palais royal, cela semble ne pouvoir être nié ;
mais cette indication de M. Kuemmel semble signifier *le prétoire où Jésus fut jugé*. Or, il est, à mon avis, beaucoup plus
probable qu'au moment des fêtes de la Pâque, Pilate dût se
trouver à l'Antonia, où les soldats en ce temps surveillaient le
peuple pour arrêter toute sédition. En tout cas, l'archéologie ne
donnant rien sur ce point, cette indication sur la carte me paraît
déplacée.

A ce propos, puisque je parle de la carte, tout en félicitant
M. K. pour la magnifique exécution de son œuvre, je me permettrai d'attirer encore son attention sur quelques détails. Cette
carte serait, à mon avis, plus conforme aux données des documents
que nous possédons, si l'auteur supprimait cette indication de
l'*Acra*, même avec un point d'interrogation, là où il l'a mise. Sans
retrancher ce mot, je proposerais de l'incliner, tout en le laissant
sur le plateau qu'il occupe, de façon à le faire correspondre avec le
mot *Unterstadt* et de les réunir par le mot *oder*, ce qui formerait
l'indication : *Acra oder Unterstadt :* tout cet espace, en effet, était
occupé par la ville basse de Josèphe, appelée aussi *Acra*.

L'indication *Ehemalige Vorstadt*, allant du *birket hammam el
batrak* au *Haram*, n'est pas sûre non plus. Pourquoi l'auteur ne
la disposerait-il pas plutôt parallèlement au mur occidental de
l'esplanade du temple, depuis le sud de l'hospice autrichien jusqu'à

Tariq bab es Silseté? Elle resterait alors vraie dans toutes les hypothèses.

Quant à l'indication *Ehemalige Neustadt*, elle devrait, d'après les données de Josèphe, se prolonger jusqu'au dessous de *Bezétha*, car le *Bezétha* de Josèphe faisait partie de cette « nouvelle ville ».

M. K. trouvera peut-être ma critique un peu pointilleuse. Cependant je ne me suis laissé guider dans cette étude par aucun esprit de dénigrement. L'œuvre accomplie par le docte et patient auteur est trop précieuse et importante pour qu'il puisse en être ainsi. J'ai dit loyalement ma façon de penser, trop heureux si mes humbles observations peuvent améliorer encore cette œuvre si remarquable. Telle qu'elle est, on ne peut nier qu'elle soit appelée à rendre de grands services. Perfectionnée dans une prochaine édition, elle deviendra le manuel classique qu'il faudra consulter pour savoir où en est aujourd'hui la question de la topographie de Jérusalem.

Au point de vue pratique, il serait à désirer que, dans une nouvelle édition, M. K. trouvât moyen, soit en réduisant sa carte, soit de quelque autre façon, de joindre celle-ci à l'ouvrage pour rendre l'ensemble plus portatif.

Il serait à désirer aussi que le tout fût traduit et publié en diverses langues, afin qu'un tel ouvrage trouve tous les lecteurs qu'il mérite.

PAUL BERTO

EXTRAIT DE LA *REVUE DES ÉTUDES JUIVES*. — ANNÉE 1908.

VERSAILLES. — IMPRIMERIES CERF, 59, RUE DUPLESSIS.